U0225342

图书在版编目（CIP）数据

天地之间，睡梦之时：动物宝宝养育之书．嗯！谁有肚脐眼儿：哺育之书 /（美）玛丽·巴特恩著；（美）希金斯·邦德绘；张玫瑰译．— 成都：四川科学技术出版社，2023.5
ISBN 978-7-5727-0871-8

Ⅰ．①天… Ⅱ．①玛… ②希… ③张… Ⅲ．①动物－儿童读物 Ⅳ．① Q95-49

中国国家版本馆 CIP 数据核字 (2023) 第 022694 号

著作权合同登记图进字 21-2022-394 号

天地之间，睡梦之时：动物宝宝养育之书

TIANDI ZHI JIAN，SHUIMENG ZHI SHI：DONGWU BAOBAO YANGYU ZHI SHU

嗯！谁有肚脐眼儿：哺育之书

EN！ SHEI YOU DUQIYANR：BUYU ZHI SHU

著　　者　[美] 玛丽·巴特恩
绘　　者　[美] 希金斯·邦德
译　　者　张玫瑰
出 品 人　程佳月
内容策划　孙铮韵
责任编辑　张湉湉
助理编辑　朱　光　钱思佳
封面设计　梁家洁
责任出版　欧晓春
出版发行　四川科学技术出版社
地　　址　成都市锦江区三色路 238 号　邮政编码 610023
　　　　　官方微博 http://weibo.com/sckjcbs
　　　　　官方微信公众号 sckjcbs
　　　　　传真 028-86361756
成品尺寸　245 mm × 210 mm
印　　张　2.5
字　　数　50 千
印　　刷　河北鹏润印刷有限公司
版　　次　2023 年 5 月第 1 版
印　　次　2023 年 5 月第 1 次印刷
定　　价　180.00 元（全 4 册）
ISBN 978-7-5727-0871-8

天地之间，睡梦之时：动物宝宝养育之书

嗯！谁有肚脐眼儿：

哺育之书

[美]玛丽·巴特恩/著
[美]希金斯·邦德/绘
张玫瑰/译

四川科学技术出版社

谨以此书献给卡莉，我可爱的侄孙女，愿你永远无所畏惧，敢说敢言。

——玛丽 · 巴特恩

献给我伟大的母亲埃德娜，感谢您为我付出的一切。

——希金斯 · 邦德

特别感谢：

国际蝙蝠保护组织的保育人员兼信息专家芭芭拉 · 弗伦奇，

圣地亚哥野生动物园的总兽医师詹姆斯 · 欧斯特豪斯博士，

明根岛鲸目动物研究站的主任理查德 · 西尔斯。

谁有肚脐眼儿呀？

我有，你有。

小猫、小狗、小兔子也有。

小鸟、小鱼、螃蟹可没有。

每个人都有肚脐眼儿，好多动物也有。这是为什么呀？

因为我们和它们都是哺乳动物。

邦德农场

哺乳动物中除了最原始的单孔目动物仍保留着古老爬行动物的原始特征，是从蛋里孵化而来，其他哺乳动物宝宝都是从妈妈肚子里生出来的。

所有哺乳动物宝宝都要喝乳汁，那是从妈妈的乳腺里分泌出来的。我们都是用乳汁哺育的动物，“哺乳动物”的名称就是这么来的。一般哺乳动物妈妈会分泌正好够小宝宝喝的乳汁。

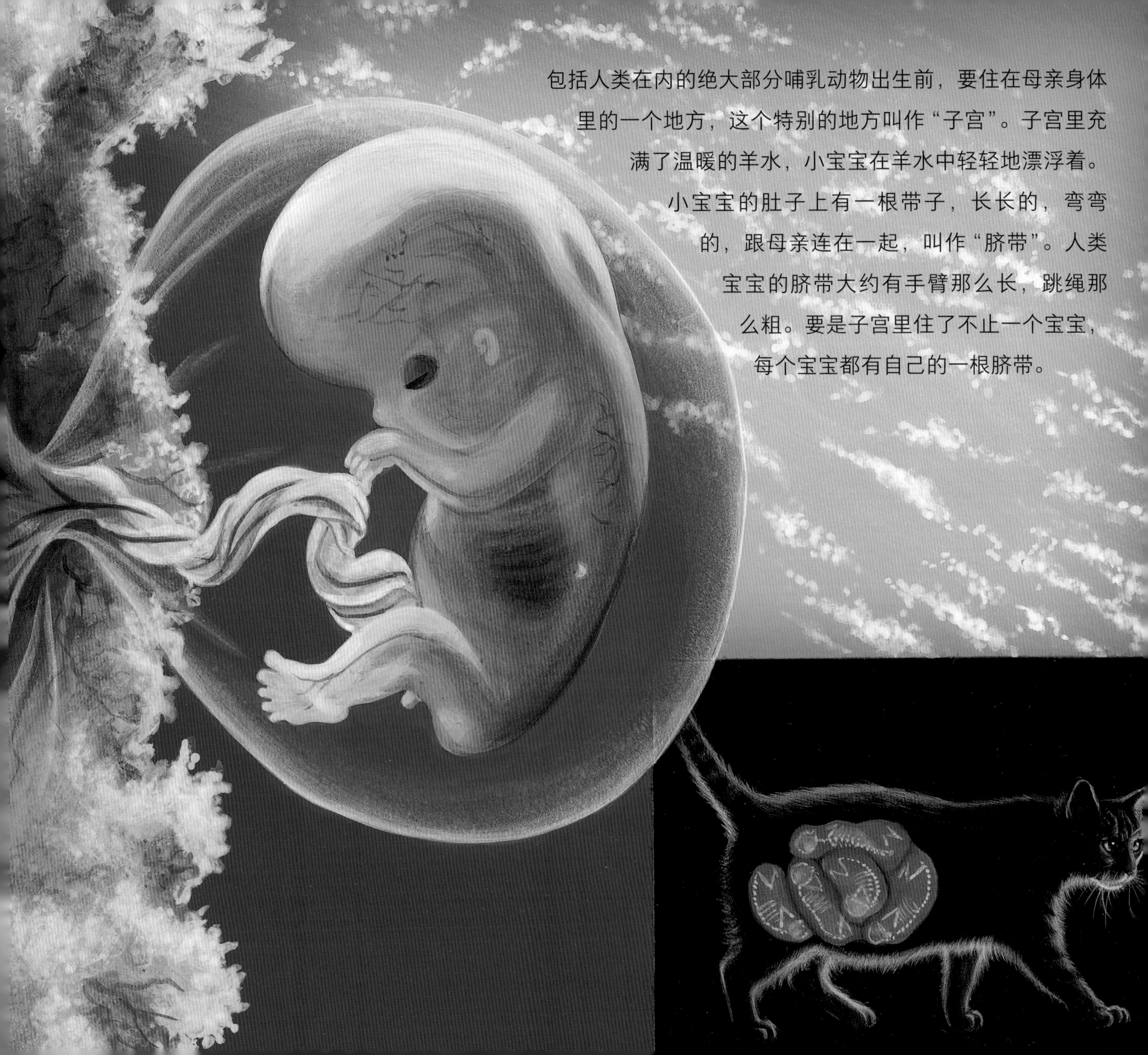

包括人类在内的绝大部分哺乳动物出生前，要住在母亲身体里的一个地方，这个特别的地方叫作“子宫”。子宫里充满了温暖的羊水，小宝宝在羊水中轻轻地漂浮着。

小宝宝的肚子上有一根带子，长长的，弯弯的，跟母亲连在一起，叫作“脐带”。人类宝宝的脐带大约有手臂那么长，跳绳那么粗。要是子宫里住了不止一个宝宝，每个宝宝都有自己的一根脐带。

宇航员的衣服上有一根长长的管子，连接着宇宙飞船。这根管子是宇航员的“生命线”，为宇航员输送氧气。婴儿的脐带也是一种“生命线”。

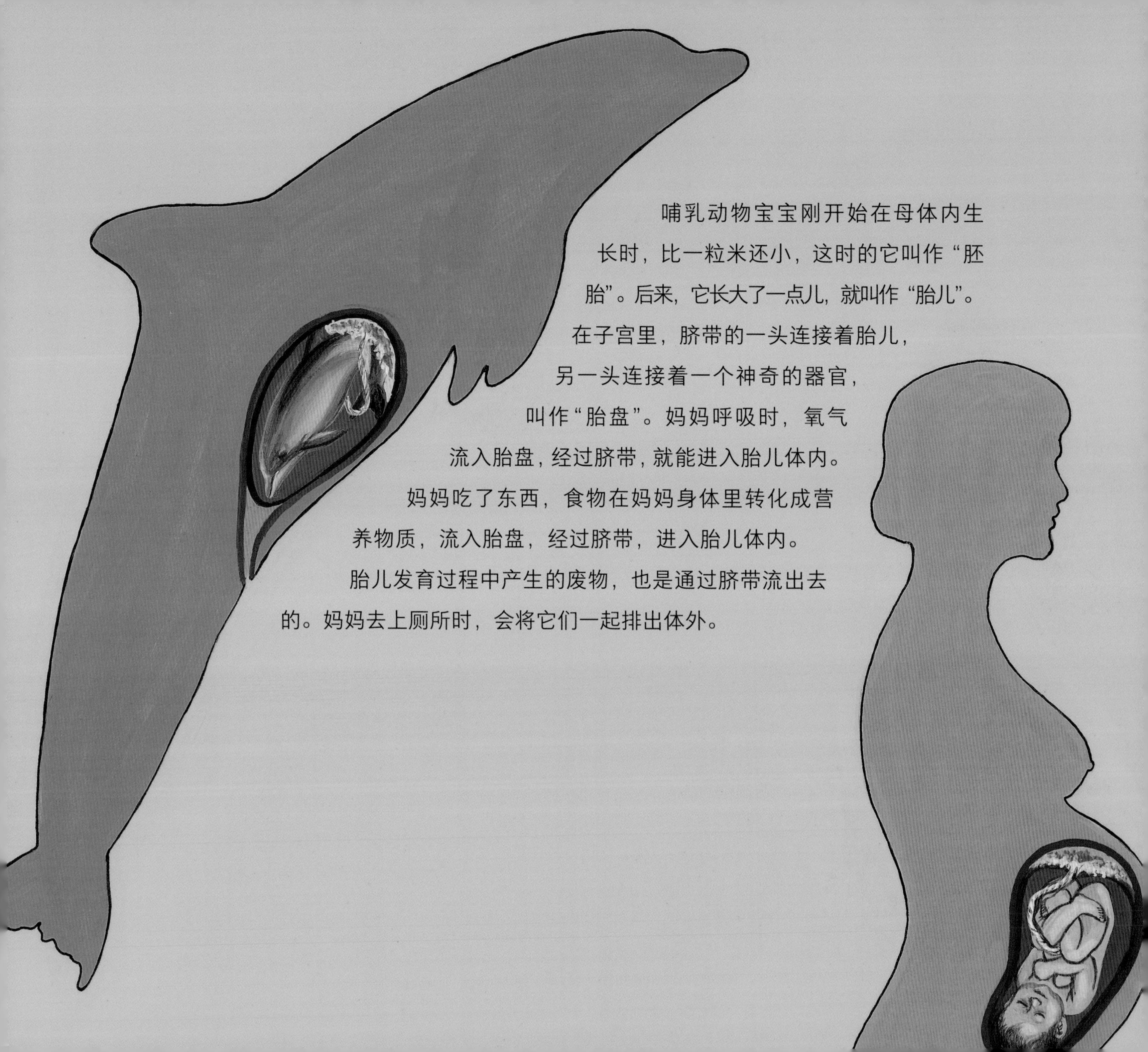

哺乳动物宝宝刚开始在母体内生长时，比一粒米还小，这时的它叫作“胚胎”。后来，它长大了一点儿，就叫作“胎儿”。在子宫里，脐带的一头连接着胎儿，另一头连接着一个神奇的器官，叫作“胎盘”。妈妈呼吸时，氧气流入胎盘，经过脐带，就能进入胎儿体内。妈妈吃了东西，食物在妈妈身体里转化成营养物质，流入胎盘，经过脐带，进入胎儿体内。胎儿发育过程中产生的废物，也是通过脐带流出去的。妈妈去上厕所时，会将它们一起排出体外。

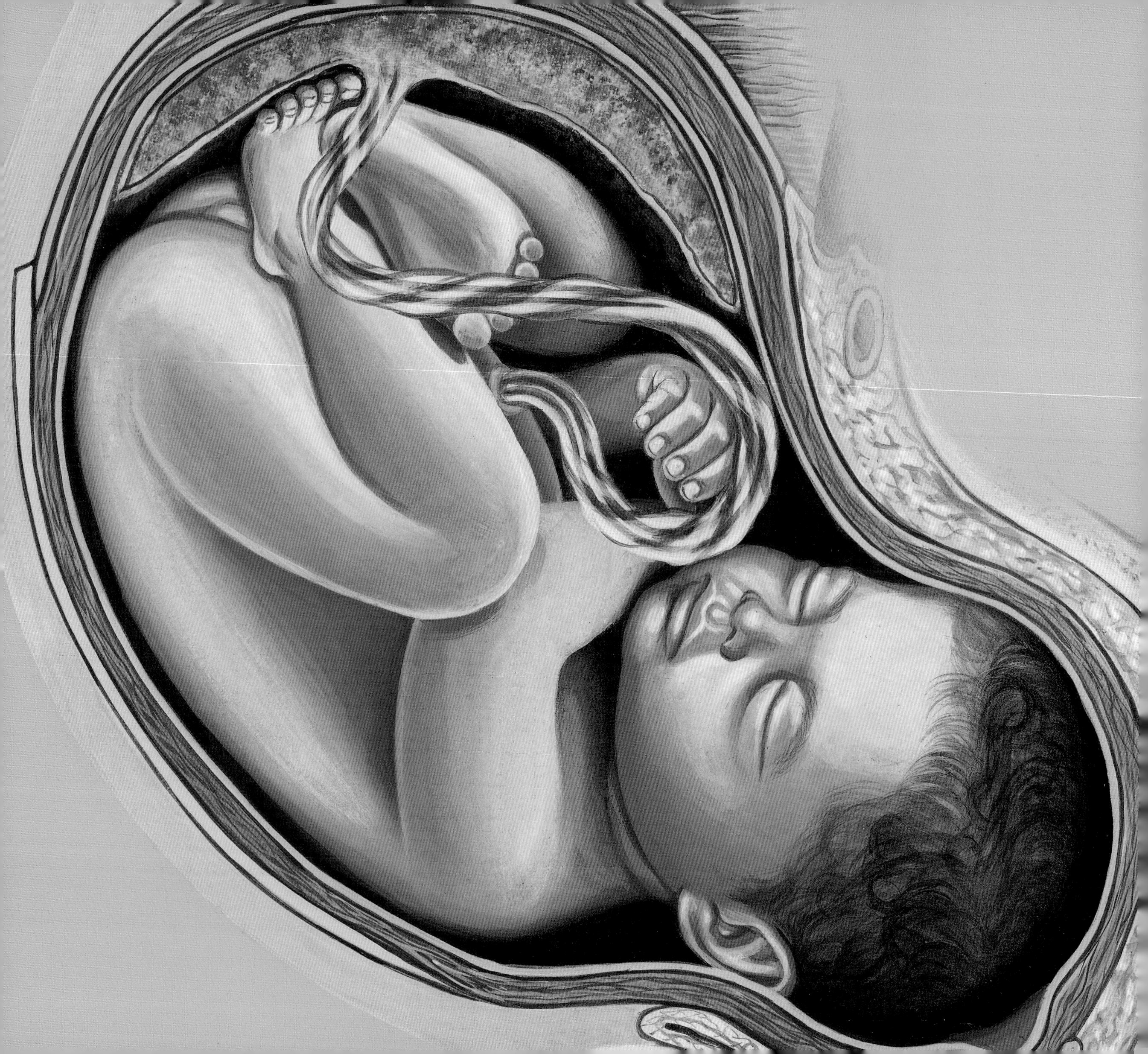

有的哺乳动物宝宝待在子宫里的时间很短，猫宝宝只待2个月左右。人类宝宝一般要待10个月。有的哺乳动物宝宝待得更久，海豚宝宝至少待11个月，非洲象宝宝待22个月，那可是将近两年呢！陆地上有那么多哺乳动物，就数非洲象宝宝在妈妈肚子里待的时间最长。

等到哺乳动物宝宝可以离开妈妈的身体，在外面的世界生存，它就会呱呱坠地啦！

哺乳动物宝宝出生后，脐带没有用处了，就得剪掉。剪断脐带时，宝宝不会痛，妈妈也不会痛。剪完后，宝宝那一端剩下的脐根会结成一个痂，硬硬的，干了便会自行脱落。脐根脱落的地方叫“肚脐”，大多数人叫它“肚脐眼儿”。

你的肚脐眼儿上曾经长着一根脐带，脐带连接着你和你的妈妈。

只要是哺乳动物，几乎都有肚脐眼儿。只不过有些哺乳动物的肚脐眼儿藏得深，不像我们的这么明显。

小狗或小猫出生后，脐带要么自行断掉，要么由它们的妈妈咬断。等小宝宝一天一天地长大，毛一天一天地变长，肚脐眼儿就被毛遮住了。

世界上有4 000多种哺乳动物。

现存已知最大的成年哺乳动物是蓝鲸。它身长约有10层楼那么高，体重相当于一架波音747客机。

现存已知最小的成年哺乳动物是大黄蜂蝠。它比一枚硬币还要轻，小到可以住进一个核桃壳里。

蝙蝠是一种会飞的哺乳动物。

赤蓬毛蝠妈妈要生小宝宝时，会用脚爪和拇指抓住树枝，倒立过来，将身体变成一张“吊床”，接住即将出生的宝宝。赤蓬毛蝠宝宝出生后，脐根马上就脱落了，露出肚脐眼儿来。没过几周，肚脐眼儿就被毛给遮住了，能被看见的时间太短了。

蓝鲸是地球上现存最大的哺乳动物。蓝鲸宝宝刚出生时，大约有一辆校车那么长，一头成年犀牛那么重！蓝鲸宝宝每天能喝190升母乳，1小时就能增重4.5千克。

在所有现存动物中，蓝鲸的肚脐眼儿是最大的。你的肚脐眼儿是圆形的，蓝鲸的肚脐眼儿可不是。它的肚脐眼儿像一个椭圆形的水坑，长约30厘米，宽20厘米到30厘米。

刚生下来的大熊猫宝宝可小啦，大约只有140克重，和三个鸡蛋差不多。大熊猫妈妈的体重约是宝宝的700倍。要是你的妈妈生你的时候，体重也是你的700倍，那她就太庞大了，连家里的房门都会进不去呢！

大熊猫宝宝刚出生时，全身粉粉的，裹着一层小绒毛。它的小肚脐眼儿，就在那又细又白的绒毛底下。

褐猿

猴宝宝和猿宝宝出生时，肚脐眼儿是露出来的。慢慢地，它们长大了，身上的毛也长了出来，就把肚脐眼儿给遮住了。

褐猿肚脐四周的毛很长，比它身上其他部位的毛长多了！

黑猩猩

狒狒

大猩猩肚子上的毛底下，藏着一个凸起的小点。那个啊，就是它的肚脐眼儿。

大猩猩

人类身上没有厚厚的毛，所以我们的肚脐眼儿是最容易被看到的。

有些人是“凹脐”，他们的肚脐眼儿啊，是凹进去的。有些人是“凸脐”，他们的肚脐眼儿啊，是凸出来的。你的是哪一种呢？

你可以把你的肚脐眼儿，当成你的生日纪念品。它纪念着你出生的第一天，也纪念着你在妈妈体外生活的第一天。

词汇表

胚胎

处于最早发育期的、未出生的动物。

胎儿

处于发育后期的、未出生的哺乳动物。人类胚胎满三个月后，称为“胎儿”。

哺乳动物

一种温血脊椎动物，皮肤上通常有毛发覆盖。除了单孔目动物（鸭嘴兽、针鼹）外，雌性哺乳动物能够产下活幼崽，用母乳喂养它们，这种乳汁是由乳腺生产的。

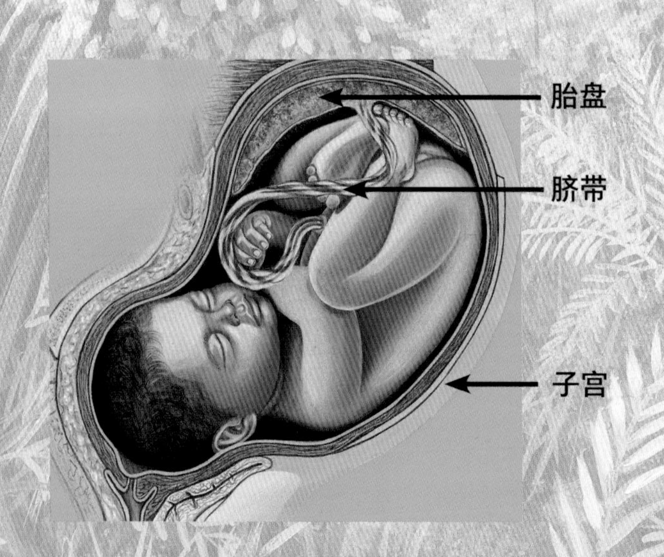

乳腺

雌性哺乳动物乳房中的器官，为出生后的幼崽分泌乳汁。

肚脐

哺乳动物腹部的一个小凹陷或小突出，曾是脐带的连接处。

氧气

一种无色、无味的气体。动物、植物和其他大多数生物都需要氧气生存。

胎盘

胎儿与母体进行物质交换的器官，连接着胚胎（或胎儿）与子宫。胎盘通过脐带输送氧气和营养物质给胎儿，胎儿通过脐带运送废物至胎盘。

脐带

长长的管状组织，一头连接着发育中的胚胎或胎儿，一头连接着母亲子宫内的胎盘。脐带中的血管将含有氧气和营养物质的血液输送给胎儿，并将胎儿的废物运送至胎盘。

子宫

大多数雌性哺乳动物的子宫是胚胎和胎儿发育的地方。子宫又可叫作“胞宫”。